# 思辨力训练指导

## ◆ 什么是思辨力？

- 思辨力不只是一种思考能力，还是一种辨析能力。
- 思辨力是对思考的"再思考"能力，又名批判性思维。
- 思辨力强调打开思路，多角度、全面性思考。
- 思辨力重视发现、实证、推理。

## ◆ 语文新课标对思辨力的要求

《义务教育语文课程标准（2022年版）》提出的"思辨性阅读与表达"学习任务群，明确要求学生通过阅读、比较、推断、质疑、讨论等方式，梳理观点、事实与材料及其关系；辨析态度与立场，辨别是非、善恶、美丑，保持好奇心和求知欲，养成勤学好问的习惯；负责任、有中心、有条理、重证据地表达，培养理性思维和理性精神。

## ◆ 培养思辨力有哪些益处?

- 孩子能自觉将生活中的现象归类，举一反三地看问题。
- 孩子能具体问题具体分析，灵活变通地解决问题。
- 孩子能区分生活中的对错、善恶、美丑，树立正确的世界观、人生观、价值观。
- 孩子能主动探究原因，透过现象看到本质。
- 孩子能反思自己和他人的观点，不偏执，也不盲从。
- 孩子能将思辨力迁移到学习中，学习更主动、更有方法。

## ◆ 使用这套书，请先判断孩子的学习风格

按照感官，可以将学习风格分为视觉型、听觉型、动觉型这三种。

**视觉型**：喜欢通过视觉刺激进行学习，比如阅读、看图、观看影片等。

**听觉型**：喜欢通过听觉刺激进行学习，比如听讲、听录音、讨论等。

**动觉型**：喜欢通过身体运动和双手的活动进行学习，比如表演、做游戏、动手操作等。

请注意：各种学习风格没有好坏之分。

## ◆ 如何判断孩子的学习风格?

### ● 视觉型学习风格的孩子的特点

**阅读情况**：能轻松记住书中、文章中的内容，善于通过阅读获取知识。

**语言表达**：很容易将听到的东西想象成画面，也能用形象的语言表达自己的感受。

**学习特点**：自制力比较强，在学习中比较主动、有计划。

**日常特征**：比较善于观察，能注意到很多细节。

### ● 动觉型学习风格的孩子的特点

**阅读情况**：阅读时喜欢触摸甚至摩挲书页。

**语言表达**：喜欢表演、讨论等实践性强、互动性强的交流方式。

**学习特点**：不太喜欢听讲、看板书等常规的学习方式，是学习者中的"体验派"。

**日常特征**：比较好动，在体育运动、乐器演奏、手工制作、自然科学实验等方面表现比较突出。

### ● 听觉型学习风格的孩子的特点

**阅读情况**：比起阅读文字，更喜欢听故事、听书。

**语言表达**：擅长口语表达，喜欢朗读、复述、演讲、讨论等。

**学习特点**：上课听讲比较认真。

**日常特征**：听觉比较敏感，并且很容易记住听到的内容。

## ◆ 如何指导不同学习风格的孩子训练思辨力？

**谁是冠军**

谁是冠军
（第1阶：2）

● 视觉型学习风格的孩子
让孩子观察图片、阅读报道，猜一猜比赛的结果。

● 听觉型学习风格的孩子
让孩子朗读故事，和孩子讨论比赛可能的结果。

● 动觉型学习风格的孩子
让孩子想象自己是某位选手，用人物独白的方式，讲出自己在比赛中和比赛后的所思、所感。

● 视觉型学习风格的孩子
先让孩子广泛观察叶子，尽量找到两片"相同"的叶子，再仔细观察它们是否真的相同。

● 听觉型学习风格的孩子
让孩子寻找两片"相同"的叶子，听他说一说他的结论和理由。

● 动觉型学习风格的孩子
让孩子广泛寻找，看他能不能找到"相同"的叶子。和孩子讨论：我们能不能找到两片相同的叶子？

**"相同"的叶子**

"相同"的叶子
（第1阶：3）

## ◆ 能力要素对照表

思辨力包括的能力要素：联想与想象、观察与发现、比较与分类、分析与推理、提问与反思、抽象与概括。

● 第1阶各分册能力要素对照表

### 1

| | |
|---|---|
| 有趣的手指画 | 联想与想象 |
| 大森林里的居民 | 观察与发现 |
| "火眼金睛"找不同 | 比较与分类 |
| 找朋友 | 比较与分类 |
| 猜猜它是谁 | 观察与发现 |
| 七巧板拼图赛 | 联想与想象 |
| 发挥想象编故事 | 联想与想象 |
| 我最先注意到的是…… | 观察与发现 |
| 它不一样 | 比较与分类 |
| 发现三角形 | 观察与发现 |

### 2

| | |
|---|---|
| 彩蛋画 | 联想与想象 |
| 找出"一家人" | 比较与分类 |
| 谁是冠军 | 分析与推理 |
| 猜谜语 | 分析与推理 |
| 家乡的四季 | 观察与发现 |
| 我来做裁判 | 比较与分类 |
| 听故事，提问题 | 提问与反思 |
| 无处不在的龙 | 观察与发现 |
| 与众不同的它 | 比较与分类 |
| 快乐的回忆 | 抽象与概括 |

### 3

| | |
|---|---|
| 它让我想起了…… | 联想与想象 |
| "相同"的叶子 | 比较与分类 |
| 春姑娘和冬爷爷 | 抽象与概括 |
| 能"看见"的时间 | 观察与发现 |
| 我心中的结局 | 联想与想象 |
| 更好笑的笑话 | 比较与分类 |
| 连环画掉页了 | 分析与推理 |
| 我期待的未来 | 联想与想象 |
| 城市标志 | 观察与发现 |
| 整体与部分 | 抽象与概括 |

### 4

| | |
|---|---|
| 买菜去 | 比较与分类 |
| 动物园里的新发现 | 观察与发现 |
| 跨越100年的奇思妙想 | 联想与想象 |
| 《山海经》里的神兽 | 联想与想象 |
| 文文的选择 | 分析与推理 |
| 我要认识它 | 观察与发现 |
| 感受和收获 | 抽象与概括 |
| 根据目标想办法 | 分析与推理 |
| 小虎商店 | 分析与推理 |
| 学会提问 | 提问与反思 |

# 我的回答不一样

## 第1阶①

吴欣歆　尹秋鸽　主编

人民邮电出版社

北京

**图书在版编目（ＣＩＰ）数据**

我的回答不一样. 第1阶. 1 / 吴欣歆，尹秋鸽主编
. -- 北京 ： 人民邮电出版社，2024.7
（思辨力养成系列）
ISBN 978-7-115-63260-9

Ⅰ．①我… Ⅱ．①吴… ②尹… Ⅲ．①思维训练—儿童读物 Ⅳ．①B80-49

中国国家版本馆CIP数据核字(2024)第096365号

◆主 编 吴欣歆 尹秋鸽
责任编辑 刘艳静
责任印制 周昇亮
◆人民邮电出版社出版发行 北京市丰台区成寿寺路 11 号
邮编 100164 电子邮件 315@ptpress.com.cn
网址 https://www.ptpress.com.cn
鑫艺佳利（天津）印刷有限公司印刷
◆开本：787×1092 1/16
印张：3.25 2024 年 7 月第 1 版
字数：50 千字 2024 年 7 月天津第 1 次印刷

定 价：39.90 元

读者服务热线：（010）67630125 印装质量热线：（010）81055316
反盗版热线：（010）81055315
广告经营许可证：京东市监广登字 20170147 号

# 给孩子们的话

孩子们，你们好！

翻开这本书，你们打开的是一扇思辨之门。什么是"思辨"？简单说，就是思考、辨析。

老师说你"勤奋"，亲戚说你"幽默"，图书馆管理员说你"懂得谦让"，妈妈说你"心地善良"，这些都是你，但不是全部的你。大家的评价能帮你认识自己，但不能"规定"你。你要思考：我应该成为什么样的自己？

世界丰富多彩，有各种颜色、形状、声音，也有各种表情、动作、心理。思辨力强的孩子，对世界保有好奇心和求知欲，善于分辨是非、善恶、美丑，乐于记录、整理、提问、讨论，喜欢猜想、验证、推理，常用"我认为……理由是……"呈现观点，提供证据。

我希望你成为思辨力强的孩子，用闪亮的眼睛观察世界，用响亮的声音表达自己。

孩子们，慢慢来。跟着这套书，学习科学的思维方法，体验完整的思维过程，养成良好的思维习惯，用多种多样的方式展示思考结果。书中有你喜欢的人物、事件，有你需要的方法、资源，陪你比较、分析、概括、推理，带你追寻理性之光，让你具有理性的精神力量。

吴欣歆

# "思辨力养成系列"编审委员会

## 主　编

**吴欣歆**
语文教育专家，北京师范大学文学院研究员，博士生导师，中小学（中职）语文国家教材重点研究基地副主任，中小学教师"国培计划"培训专家。兼任中国教育学会中学语文教学专业委员会副秘书长，《普通高中语文课程标准（2017 年版）》修订组成员，《义务教育语文课程标准（2022 年版）》修订组核心成员。先后获得北京市骨干教师、北京市优秀专家志愿者等荣誉称号；荣获"中国教育报 2020 年度推动读书十大人物"称号。

**尹秋鸽**
中国社会科学院文学博士。北京市教科院"中华优秀传统文化"教材主要编写者。为北京市二十余所中小学开发校本课程，涵盖语文、德育、传统文化等领域。主持研发中小学生"每日一句经典导读""整本书经典导读"等线上课程，服务近 1000 万个家庭。与吴欣歆教授合著《写作力进阶·看图写话》。

## 编写组成员
杨新颖　高级教师，北京市语文学科带头人
王海月　一级教师，北京市海淀区语文学科带头人

## 学科审校专家
刘德水　北京市语文特级教师，正高级教师
高　萍　北京市数学特级教师，正高级教师
吉小梅　北京市地理特级教师，正高级教师
刘汝明　北京市历史特级教师，正高级教师

## 视觉顾问
杨明俊　北京印刷学院副教授、视觉传达设计系主任、硕士生导师

# 人物介绍

**文文**

超级小书迷，想象力丰富，思维活跃

**一舟**

热爱音乐，喜欢小动物，心思细腻

**晓畅**

喜欢一切美好的事物，性格友善，人缘好

**悦然**

学生干部，自信、独立、责任感强

**君君**

乐观、开朗，总有很多奇思妙想

**小夏**

目光敏锐，善于观察，有科学家的实证精神

**羽凌**

热爱艺术的小画家，注重细节，追求完美

**小鲁**

擅长各种运动，调皮、好动，有点儿鲁莽

# 目 录

# 有趣的手指画

你观察过自己的手指吗？每个手指肚儿的皮肤上那一圈圈、一条条的纹理叫作"指纹"。你知道吗，假如我们把指纹印下来，就能创作出有趣的作品呢！

wǒ bǎ shí zhǐ yìnr dàng zuò xiǎo jī de shēn
我把食指印儿当作小鸡的身
zi zài huà chū zuǐ ba yǎn jing chì bǎng hé
子，再画出嘴巴、眼睛、翅膀和
zhuǎ zi zhēn shì tài yǒu yì si la
爪子，真是太有意思啦！

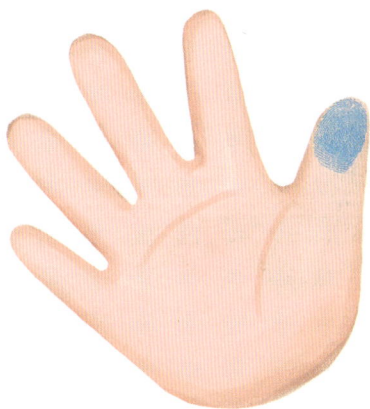

zhè shì wǒ huà de xiǎo māo  kě ài ba  shǒu
这是我画的小猫，可爱吧？手
zhǐ huà tài yǒu yì si la
指画太有意思啦！

dà jiā kuài kàn wǒ huà de xiǎo shù　　wǒ bǎ
大家快看我画的小树！我把
hǎo jǐ gè shǒu zhǐ yìnr　dié qǐ lái　zài huà shàng shù
好几个手指印儿叠起来，再画上树
gàn　shù zhī　shì bú shì chāo jí hǎo kàn ya
干、树枝，是不是超级好看呀？

接下来，让我们一起发挥创意，创作属于自己的手指画吧！

第一步：从颜料中选择自己喜欢的颜色。

第二步：将手指肚儿印上颜色，按在方框内。

dì sān bù　　gēn jù zhǐ yìnr　　de yán sè　　xíng zhuàng hé
第三步：根据指印儿的颜色、形状和

wèi zhì　　　fā huī xiǎng xiàng lì　　kāi shǐ nǐ de chuàng zuò
位置，发挥想象力，开始你的创作。

kàn kan nǐ néng chuàng zuò chū duō shǎo fú shǒu zhǐ huà ba
看看你能 创作出多少幅手指画吧！

# 大森林里的居民

dà sēn lín li shēng huó zhe hǎo duō xiǎo dòng wù tā men zhù zài
大森林里生活着好多小动物，它们住在

bù tóng de dì fang
不同的地方。

zǐ xì kàn kan xià miàn zhè fú tú shuō shuo nǐ fā xiàn le nǎ
仔细看看下面这幅图，说说你发现了哪

xiē xiǎo dòng wù tā men fēn bié zhù zài nǎ lǐ
些小动物？它们分别住在哪里？

wǒ fā xiàn le
我发现了

＿＿＿＿＿＿＿＿＿＿＿＿，
tā men zhù zài
它（们）住在

＿＿＿＿＿＿＿＿＿＿＿＿。

wǒ fā xiàn le
我发现了

＿＿＿＿＿＿＿＿＿＿＿＿，
tā men zhù zài
它（们）住在

＿＿＿＿＿＿＿＿＿＿＿＿。

wǒ fā xiàn le
我发现了＿＿＿＿＿＿＿＿＿＿＿＿，
tā men zhù zài
它（们）住在＿＿＿＿＿＿＿＿＿＿＿＿。

wǒ fā xiàn le
我发现了

＿＿＿＿＿＿＿＿＿＿＿＿，
tā men zhù zài
它（们）住在

＿＿＿＿＿＿＿＿＿＿＿＿。

wǒ fā xiàn le
我发现了

＿＿＿＿＿＿＿＿＿＿＿＿，
tā men zhù zài
它（们）住在

＿＿＿＿＿＿＿＿＿＿＿＿。

# “火眼金睛”找不同

zuì jìn jūn jūn mí shàng le zhǎo bù tóng de yóu xì
最近，君君迷上了“找不同”的游戏。
tā zǒng néng kuài sù de cóng liǎng fú tú zhōng zhǎo dào qū bié suǒ
他总能快速地从两幅图中找到区别，所
yǐ tā zì háo de shuō wǒ yǒu yì shuāng huǒ yǎn jīn jīng
以，他自豪地说：“我有一双火眼金睛！”
nǐ yě xiàng jūn jūn yí yàng yǒu huǒ yǎn jīn jīng ma kuài lái tiǎo
你也像君君一样有“火眼金睛”吗？快来挑
zhàn yí xià ba
战一下吧！

xià miàn zhè liǎng fú tú zhōng yǒu nǎ xiē bù yí yàng de dì fang
下面这两幅图中，有哪些不一样的地方

ne bǎ tā men quān chū lái kàn kan nǐ néng zhǎo dào duō shao ba
呢？把它们圈出来，看看你能找到多少吧！

wǒ yí gòng zhǎo dào le chù bù tóng huā fèi
我一共找到了 _____ 处不同，花费

le miǎo
了 _____ 秒。

xiǎng yi xiǎng    zěn yàng cái néng gèng kuài de zhǎo chū liǎng fú tú
想一想：怎样才能更快地找出两幅图

de bù tóng ne    yòng nǐ xiǎng dào de xīn fāng fǎ    zhǎo zhao xià miàn
的不同呢？用你想到的新方法，找找下面

liǎng fú tú de bù tóng zhī chù ba
两幅图的不同之处吧！

wǒ xiǎng dào de xīn fāng fǎ
我想到的新方法：＿＿＿＿＿＿＿

＿＿＿＿＿＿＿＿＿＿＿＿＿＿＿＿。

wǒ yí gòng zhǎo dào le              chù bù tóng    huā fèi
我一共找到了＿＿＿＿处不同，花费

le            miǎo
了＿＿＿＿秒。

# 找朋友

周末，班里组织同学们去动物园参观。

大家分别看到了狮子、熊猫、斑马和老虎这四种动物。

bān zhǔ rèn lǎo shī tí le yí gè wèn tí　　dà jiā jué de
班主任老师提了一个问题："大家觉得

nǎ xiē dòng wù yǒu xiāng tóng de dì fang ne　　gěi tā men zhǎo zhao péng
哪些动物有相同的地方呢？给它们找找朋

you ba
友吧！"

wǒ jué de xióng māo hé bān mǎ yǒu xiāng tóng
我 觉 得 熊 猫 和 斑 马 有 相 同

de dì fang tā men de yán sè dōu shì hēi sè jiā
的 地 方，它 们 的 颜 色 都 是 黑 色 加

bái sè
白 色 。

lǎo hǔ shī zi hé xióng māo yǒu xiāng tóng de
老 虎、狮 子 和 熊 猫 有 相 同 的

dì fang tā men dōu yǒu fēng lì de zhuǎ zi
地 方，它 们 都 有 锋 利 的 爪 子！

wǒ jué de                                    yǒu xiāng tóng de dì
我 觉 得 _____ 有 相 同 的 地

fang tā men
方，它 们 _____

_____ 。

# 猜猜它是谁

shì jiè shang yǒu gè zhǒng gè yàng de dòng wù　　tā men de zhǎng
世界上有各种各样的动物，它们的长

xiàng gè bù xiāng tóng　　nǐ néng tōng guò dòng wù shēn shang de tè diǎn
相各不相同。你能通过动物身上的特点，

cāi chū tā shì shéi ma
猜出它是谁吗？

xià miàn de zhào piàn qiáng shang　　zhǎn shì le bù tóng dòng wù shēn
下面的照片墙上，展示了不同动物身

tǐ de yí bù fen　　nǐ néng gēn jù zhào piàn zhōng de tè diǎn　shuō chū
体的一部分。你能根据照片中的特点，说出

tā men fēn bié shǔ yú nǎ zhǒng dòng wù ma
它们分别属于哪种动物吗？

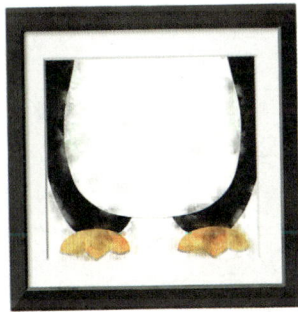

# zhào piàn qiáng
# 照片墙

tā shì
它是 ____________

tā shì
它是 ____________

tā shì
它是 ____________

tā shì
它是 ____________

tā shì
它是 ____________

tā shì
它是 ____________

nǐ fā xiàn le ma　měi zhǒng dòng wù dōu yǒu tā zì jǐ de
你发现了吗？每种动物都有它自己的

tè diǎn　zhǐ yào kàn dào zhè xiē tè diǎn　wǒ men jiù néng rèn chū
特点。只要看到这些特点，我们就能认出

tā　xià miàn zhè xiē fēn bié shì shén me dòng wù de jiǎn yǐng ne　nǐ
它。下面这些分别是什么动物的剪影呢？你

shì gēn jù tā men de nǎ xiē tè diǎn cāi chū lái de
是根据它们的哪些特点猜出来的？

tā shì　　　　　　　　　　　　　　　yīn wèi
它是＿＿＿＿＿＿＿，因为

tā yǒu zhè xiē tè diǎn
它有这些特点：＿＿＿＿＿

＿＿＿＿＿＿＿＿＿＿＿＿

＿＿＿＿＿＿＿＿＿＿＿。

tā shì　　　　　　　　　　　　　　　yīn wèi
它是＿＿＿＿＿＿＿，因为

tā yǒu zhè xiē tè diǎn
它有这些特点：＿＿＿＿＿

＿＿＿＿＿＿＿＿＿＿＿＿

＿＿＿＿＿＿＿＿＿＿＿。

tā shì 它是 _____ ，yīn wèi 因为

tā yǒu zhè xiē tè diǎn 它有这些特点： _____

_____

_____ 。

tā shì 它是 _____ ，yīn wèi 因为

tā yǒu zhè xiē tè diǎn 它有这些特点： _____

_____

_____ 。

tā shì 它是 _____ ，yīn wèi 因为

tā yǒu zhè xiē tè diǎn 它有这些特点： _____

_____

_____ 。

tā shì　　　　　　　　　　　yīn wèi
它是 ＿＿＿＿＿＿＿＿＿，因为

tā yǒu zhè xiē tè diǎn
它有这些特点：＿＿＿＿＿＿＿

＿＿＿＿＿＿＿＿＿＿＿＿＿＿＿＿

＿＿＿＿＿＿＿＿＿＿＿＿＿＿＿＿。

tā shì　　　　　　　　　　　yīn wèi
它是 ＿＿＿＿＿＿＿＿＿，因为

tā yǒu zhè xiē tè diǎn
它有这些特点：＿＿＿＿＿＿＿

＿＿＿＿＿＿＿＿＿＿＿＿＿＿＿＿

＿＿＿＿＿＿＿＿＿＿＿＿＿＿＿＿。

# 七巧板拼图赛

今天，班里举办了七巧板拼图赛。大家
开动脑筋、发挥创意，纷纷创作出了自己
的七巧板作品。

nǐ men kuài lái kàn　　wǒ pīn chū le yí zuò
你们快来看！我拼出了一座

xiǎo fáng zi
小房子！

qiáo qiao wǒ pīn de qiān zhǐ hè
瞧瞧我拼的千纸鹤！

xiǎo xià　　 nǐ pīn de hǎo xiàng shì yí gè bēn pǎo
小夏，你拼的好像是一个奔跑

de rén
的人！

méi cuò　　 zhè shì wǒ cóng tǐ yù bǐ sài zhōng dé
没错，这是我从体育比赛中得

dào de líng gǎn
到的灵感！

27

qǐng nǐ cān kǎo xià miàn de yàng shì　　zì jǐ zhì zuò yí fù qī

请你参考下面的样式，自己制作一副七

qiǎo bǎn　　zài fā huī nǐ de xiǎng xiàng　　pīn chū bù tóng de tú xíng

巧板，再发挥你的想象，拼出不同的图形，

chuàng zuò chū shǔ yú nǐ de zuò pǐn ba　　jì de gěi měi fú zuò pǐn qǔ

创作出属于你的作品吧！记得给每幅作品取

yí gè míng zi yo

一个名字哟！

# 发挥想象编故事

当我们看到一样东西的时候，往往会想到和它有关的事物，但每个人想到的可能不一样。

<sup>kàn kan xià miàn zhè fú tú tā ràng nǐ xiǎng dào le shén me dōng</sup>

看看下面这幅图，它让你想到了什么东

<sup>xi shén me rén huò zhě shén me shì</sup>

西、什么人，或者什么事？

<sup>zhè fú tú ràng wǒ xiǎng dào le</sup>

这幅图让我想到了＿＿＿＿＿＿＿＿＿，

<sup>yīn wèi</sup>

因为＿＿＿＿＿＿＿＿＿＿＿＿＿＿＿＿＿

＿＿＿＿＿＿＿＿＿＿＿＿＿＿＿＿＿。

gēn jù zhè fú tú nǐ néng biān chū yí gè shén me yàng de gù
根据这幅图，你能编出一个什么样的故

shi ne gěi jiā rén huò xiǎo huǒ bàn jiǎng yi jiǎng zài bǎ gù shi de
事呢？给家人或小伙伴讲一讲，再把故事的

zhǔ yào nèi róng jì xià lái ba
主要内容记下来吧！

wǒ biān de gù shi
我编的故事

gù shi de míng zi
◎ 故事的名字：《________________》

zhǔ rén gōng
◎ 主人公：________________

zhǔ rén gōng zuò le nǎ xiē shì
◎ 主人公做了哪些事：________________

________________________________

________________________________

________________________________

# 我最先注意到的是……

当很多事物同时进入我们的视野时，我
们往往会先被其中的某一样东西吸引。

kàn kan xià miàn de liǎng fú tú　　bǎ nǐ zuì xiān zhù yì dào de dōng
看看下面的两幅图，把你最先注意到的东

xi quān chū lái　　shuō shuo nǐ wèi shén me zuì xiān zhù yì dào le tā
西圈出来，说说你为什么最先注意到了它。

zài zhè fú tú zhōng　　wǒ zuì xiān zhù yì dào de shì
在这幅图中，我最先注意到的是

yīn wèi
，因为

35

zài zhè fú tú zhōng　　 wǒ zuì xiān zhù yì dào de shì
在这幅图中，我最先注意到的是

yīn wèi
，因为

————————————————————————————

————————————————————————————————。

下面的动物脚印中，哪对脚印最先引起

了你的注意？请把它们圈出来，说说你为什

么被它们吸引，再画一画这种动物吧！

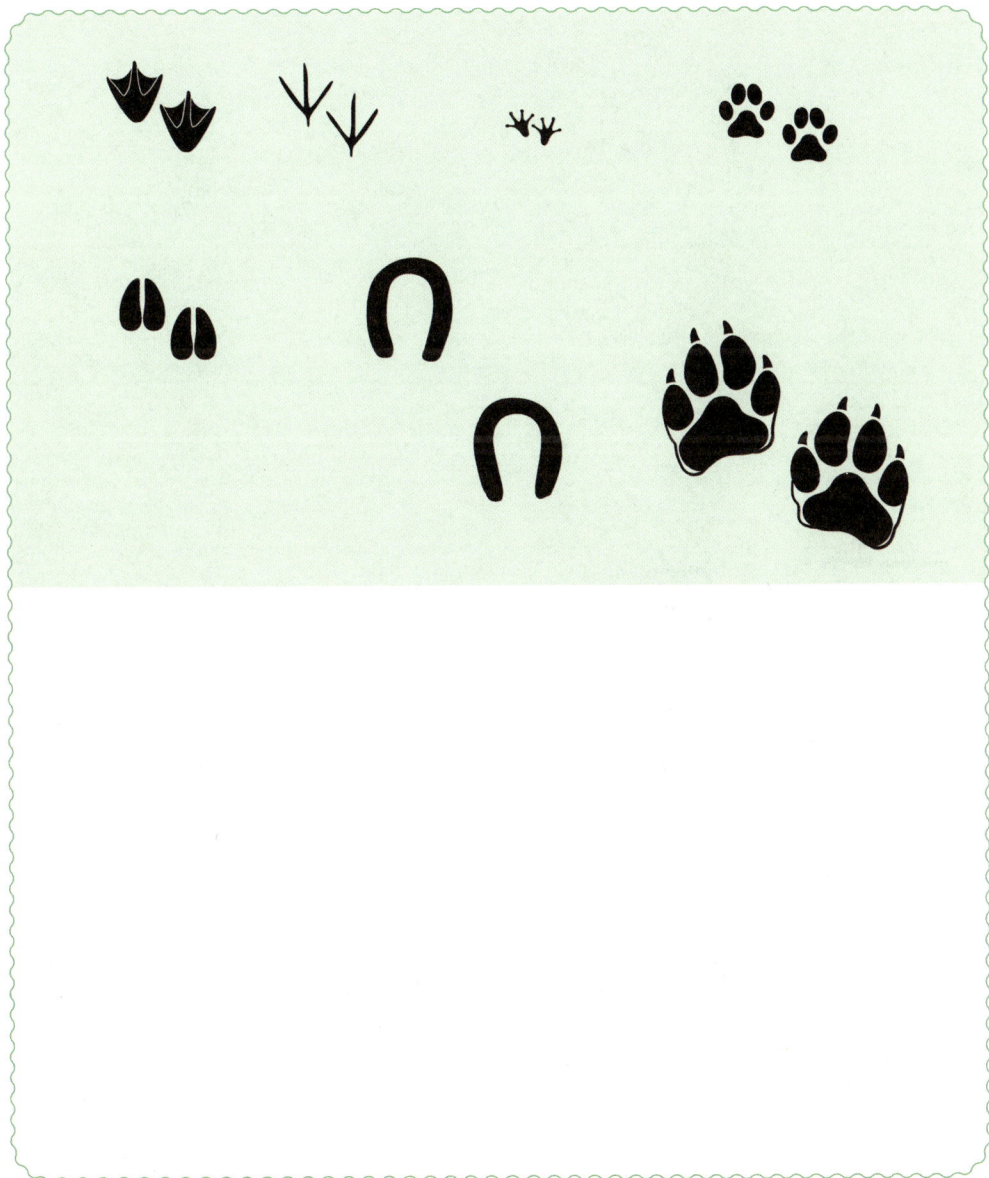

# 它不一样

zhōu mò　　xiǎo chàng hé jiā rén yì qǐ qù le dòng wù yuán
周末，晓畅和家人一起去了动物园，

kàn dào le hǎo duō dòng wù　　xiǎo chàng wèi měi zhǒng dòng wù pāi le zhào
看到了好多动物。晓畅为每种动物拍了照

piàn　　huí jiā hòu　　xiě xià le tā men de míng zi　　hái biāo chū le
片，回家后，写下了它们的名字，还标出了

pīn yīn　　ràng wǒ men hé xiǎo chàng yì qǐ rèn shi yí xià zhè xiē dòng
拼音。让我们和晓畅一起认识一下这些动

wù ba
物吧！

鹅
é

鸽
gē

鹤
hè

鸭
yā

gēn jù nǐ de guān chá hé liǎo jiě    nǐ fā xiàn nǎ zhǒng dòng wù
根据你的观察和了解，你发现哪种动物

hé qí tā sān zhǒng dòng wù bù yí yàng    nǎ lǐ bù yí yàng
和其他三种动物不一样？哪里不一样？

wǒ fā xiàn                                    hé qí tā sān zhǒng dòng wù bù
我发现＿＿＿＿＿＿＿＿＿＿＿和其他三种动物不

yí yàng    qí tā sān zhǒng dòng wù dōu                                ér tā
一样。其他三种动物都＿＿＿＿＿＿＿＿＿＿，而它

＿＿＿＿＿＿＿＿＿＿。

zài xià miàn zhè sì zhǒng dòng wù zhōng　shéi hé qí tā sān zhǒng
在下面这四种动物中，谁和其他三种

dòng wù bù yí yàng　shuō shuo nǐ de lǐ yóu ba
动物不一样？说说你的理由吧！

猎豹
liè bào

斑马
bān mǎ

狮子
shī zi

东北虎
dōng běi hǔ

　　　　　　　　　　　hé qí tā sān zhǒng dòng wù bù yí
_____和其他三种动物不一

yàng　yīn wèi
样，因为_____。

# 发现三角形

měi shù kè shang lǎo shī wèn tóng xué men dà jiā guān chá
美术课上，老师问同学们：“大家观察

guo shēng huó zhōng de gè zhǒng dōng xi fēn bié shì shén me xíng zhuàng de
过生活中的各种 东西分别是什么形 状的

ma qí zhōng yǒu nǎ xiē dōng xi shì sān jiǎo xíng de ne
吗？其中，有哪些东西是三角形的呢？”

wǒ zhī dào yí kuài bǐ sà jìn sì sān
我知道！一块比萨近似三
jiǎo xíng
角形！

wǒ yě xiǎng dào le yí gè yī guà shì sān
我也想到了一个：衣挂是三
jiǎo xíng de
角形的！

mǎ lù shang de jiāo tōng jǐng shì biāo zhì shì
马路上的交通警示标志是
sān jiǎo xíng de
三角形的。

āi jí de jīn zì tǎ cóng cè miàn kàn shì sān
埃及的金字塔从侧面看是三
jiǎo xíng de
角形的。

"哈利·波特"系列里的分院帽也近似三角形！

nǐ hái zhī dào shēng huó zhōng yǒu nǎ xiē sān jiǎo xíng de shì
你还知道生活中有哪些三角形的事

wù xiǎng yi xiǎng zhǎo yi zhǎo bǎ nǐ xiǎng dào de zhǎo dào
物？想一想、找一找，把你想到的、找到

de dōu huà xià lái zài xiě xià tā men de míng zi ba
的都画下来，再写下它们的名字吧！